出 版 人	田俊林
出版策划	李 岩
责任编辑	姚晓亮 魏 蕾
装帧设计	张 金
技术支持	山东旭天标识工程有限公司
出版发行	济南出版社
地 址	山东省济南市二环南路1号
邮 编	250002
编辑热线	0531-87906698
印 刷	济南新先锋彩印有限公司
版 次	2023年1月第1版
印 次	2023年1月第1次印刷
成品尺寸	215mm×245mm 16开
印 张	2
字 数	10 千
印 数	1-3000册
书 号	ISBN 978-7-5488-5130-1
定 价	48.00 元

图书在版编目（CIP）数据

神奇的 3D 打印 /（韩）李贞旻著；（韩）郑忞贞绘；杜祥禹译 . -- 济南：济南出版社，2023.1
（新科技太有趣）
ISBN 978-7-5488-5130-1

Ⅰ . ①神… Ⅱ . ①李… ②郑… ③杜… Ⅲ . ①快速成型技术 – 儿童读物 Ⅳ . ① TB4-49

中国版本图书馆 CIP 数据核字（2022）第 066758 号

山东省版权局著作权合同登记号 图字：15-2022-34

神奇的 3D打印

SHENQI
DE 3D DAYIN

[韩] 李贞旻 著　　　[韩] 郑念贞 绘　　　杜祥禹 译

山东城市出版传媒集团·济南出版社

奶奶想在小区举办的活动上给大家表演魔法。

"吧啦吧啦，轰！变成玩具狗！"

可小狗"豆包"却无动于衷，看来奶奶的魔法
失败了。

夏夏想起了几天前在商店里曾看到过一台神奇的3D打印机。

"对了！听说只要有那种机器，什么都可以变出来！"

夏夏瞒着奶奶，借来了一台3D打印机。

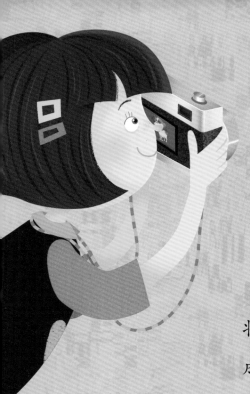

"豆包，站好不要动。"

夏夏从各个角度给小狗豆包拍了照，然后将照片传到电脑程序里，电脑里豆包的照片变成了立体的形象。

"哇！现在跟豆包一模一样了！"

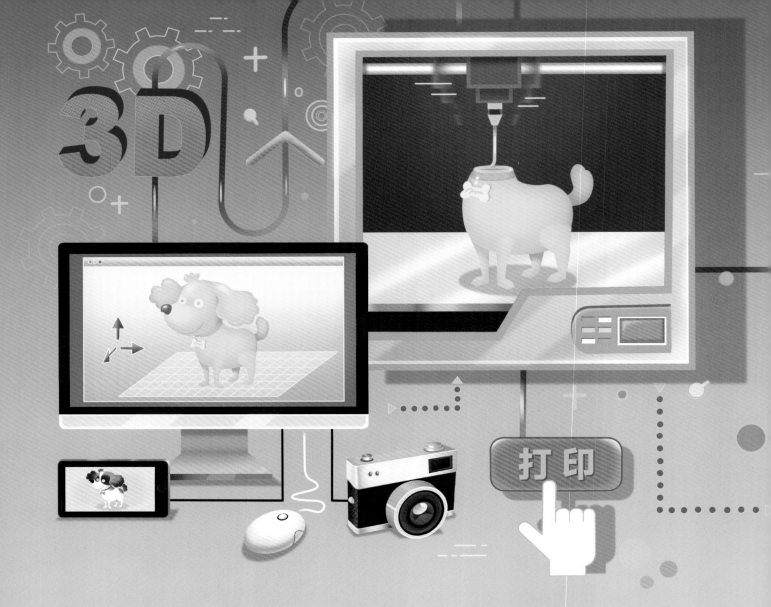

夏夏怀着激动的心情按下了打印键，3D打印机的针孔喷头开始左右移动，拖出来像线一样长长的东西，然后一层一层叠加起来……

终于，一个和豆包一模一样的可爱玩具狗做出来啦！

3D打印是什么？

我们平时使用的打印机，都是将电脑里的文字或图片打印到平面纸张上。3D打印则是将需要打印的物体用电脑程序做出立体图像后传送给3D打印机，打印机就会打印出与实物完全一样的立体形状。

夏夏悄悄地将打印出来的玩具狗放在了桌子上。

"咦，这是怎么回事？"

奶奶看见玩具狗，吓了一跳。

"看来奶奶的魔法生效啦。"夏夏俏皮地说。

听了夏夏的话，奶奶自信了许多。
"那这次给豆包变一个小房子如何？
吧啦吧啦，轰！给豆包一个狗窝！"

夏夏马上用电脑给豆包画了一个小房子，然后按了一下打印键。

慢慢地，墙做出来了，屋顶也做好了，最后，漂亮的小房子也完成了！

豆包的家

"奶奶，魔法又显灵了！"

"可是……我怎么感觉哪里不对劲呢？那这次再变一些巧克力吧，小区活动时可以分给小朋友们吃。"

夏夏又赶紧跑回了房间，这次奶奶悄悄地跟在了夏夏的后面……

3D打印用什么耗材呢？

新科技小提示

3D打印中常用的材料是像丝一样细长的"塑胶丝"塑线。根据打印物体的不同，还会用到石膏、橡胶、木屑等材料。3D食品打印则会用到巧克力、面粉等食材。

只见夏夏房间里有一台长得怪怪的机器，正咔嚓
咔嚓地左右移动着……原来是在做巧克力！

奶奶吃惊地瞪大了眼睛。夏夏见奶奶来了，不好
意思地挠了挠头，赶紧给奶奶介绍起来。

"我的天，竟然有这么神奇的机器！话说回来，我的魔法失灵了，所以不能参加这次的小区活动了。"

"奶奶，我有一个好办法：在小区活动上，我们可以用这个3D打印机代替魔法，帮大家实现愿望！"

"好主意！"奶奶微笑着说。

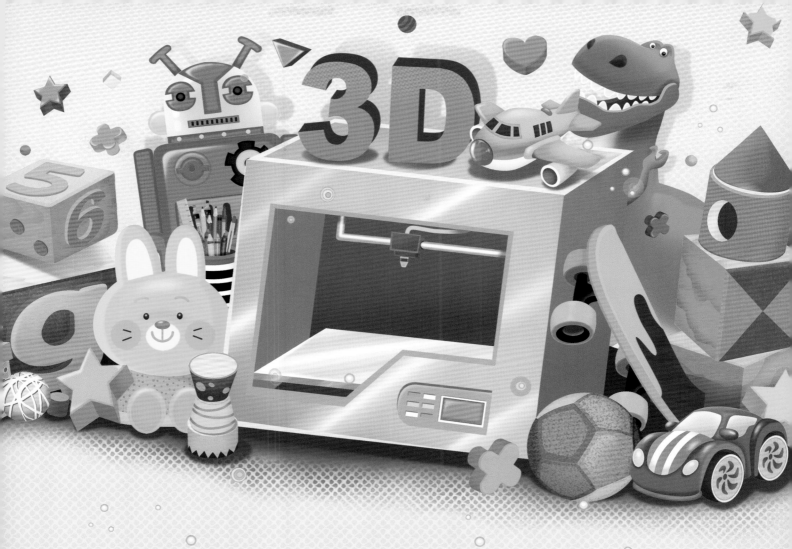

豆包的家

小区的活动开始了！

"说说你们的愿望吧，看看能不能给你们变出来。"

孩子们都跑了过来。

"奶奶，给我做一匹斑马吧。"

"我想要一些能搭城堡的积木。"

奶奶和夏夏一起用3D打印机把这些东西做了出来。

短跑运动选手小民也来到了奶奶身边："能给我做一双合脚的跑鞋吗？我的脚大拇指有些长，一直没有买到合适的鞋子。而且左脚和右脚的尺码也不太一样。"

"小菜一碟！请稍等，孩子。"

鞋子做好了！

"哇，正合我的脚，穿着太舒服了！"

小民穿上用3D打印机做的鞋子，在短跑比赛中获得了冠军。

不远处医生和护士推着一位患者匆匆赶来。

"老人家，这位患者腿受伤了，但是现在绷带不够用。能请您帮忙吗？"

"我们试着帮你解决下。"

奶奶和夏夏用3D打印机为患者量腿定做了一个大小正合适的石膏绷带。

使用3D打印有什么优点呢？

　　3D打印可以将自己想要的东西很快制作出来。一些手工制作精度达不到或者结构复杂的物品，以及只在大脑中想象过的物品，都可以通过3D打印机做出来。即使是同一件物品，根据每个人的不同喜好，也可以按需定制。

"哇，好神奇的机器呀！"大家都赞不绝口。

"有了这个3D打印机，即使在家里也可以打印出自己想要的东西。"

夏夏刚说完，奶奶就迫不及待地补充道："这可是一台比我的魔法更有魔力的机器！"

奶奶话音一落，大家都咯咯地笑了起来。

新科技
增长知识

3D打印机能做什么?

夏夏和奶奶一起用3D打印机做了玩偶、狗窝以及巧克力等,除了这些还可以做出什么呢?

> 啊哈!原来如此

3D打印机不但可以制作衣服和鞋子,就连汽车或房子等大件物品也能造出来,而且还可以打印诸如人的骨骼或心脏等人造器官。3D打印机能在短时间内以低廉的价格打印个人所需的各种物品,因而越来越受青睐。

3D打印是如何兴起的?

在制作某种产品前,工厂通常会进行多次打样。打样时如果每次都和实际产品完全一致,需要投入大量人力、物力。为了解决这个问题,3D打印应时而生,可以用更简单的方法打印完全一样或尺寸缩小版的样品。